石油企业员工 QHSE 实用宝典

环境保护

知识手册

《环境保护知识手册》编写组◎编

U0322748

石油工业出版社

内容提要

本书主要对油气田企业生态环境保护的相关术语、"废水、废气、噪声、固废"管理上的基本要求、常见环境应急处置及生态环境治理技术进行了阐述，同时选取了典型环境污染案例进行了分析。

本书可供石油企业基层员工及环境保护管理人员阅读，也可供相关专业研究人员参考。

图书在版编目（CIP）数据

环境保护知识手册/《环境保护知识手册》编写组编 . —北京：石油工业出版社，2022.6（2023.5重印）
（石油企业员工 QHSE 实用宝典）
ISBN 978–7–5183–5443–6

Ⅰ.① 环… Ⅱ.① 环… Ⅲ.① 石油企业 – 企业环境保护 – 手册 Ⅳ.① X74–62

中国版本图书馆 CIP 数据核字（2022）第 101930 号

出版发行：石油工业出版社
（北京安定门外安华里 2 区 1 号　100011）
网　　址：www.petropub.com
编辑部：(010) 64523553
图书营销中心：(010) 64523633
经　　销：全国新华书店
印　　刷：北京九州迅驰传媒文化有限公司

2022 年 6 月第 1 版　2023 年 5 月第 2 次印刷
850×1168 毫米　开本：1/32　印张：2.625
字数：62 千字

定价：50.00 元

《环境保护知识手册》
编 写 组

主　编： 于长武

副主编： 杨晓巍

编写人员： （以姓氏笔画排序）

于　畔　　平庆来　　田志达　　付　闯

付喜忠　　包　波　　师文艳　　苍天鹏

李　化　　李　刚　　李涛铭　　杨　鹏

何恩立　　迟丽薇　　张　朝　　张军伟

张德庆　　陈诗雨　　邵继国　　邵殿涛

贾新民　　顾　双　　崔　影　　彭　兵

彭　坤

丛书前言

深入学习贯彻习近平总书记生态文明思想和关于安全生产的重要论述，落实健康中国建设要求，强化"质量是企业生命"的理念，持续深化 QHSE 体系建设，坚持治标与治本并重，坚持识别大风险、消除大隐患、杜绝大事故，全力防范和消除质量健康安全环保风险，保持生产经营平稳运行，是油气田企业必须肩负的重大责任。每一位员工都应掌握必要的质量、健康、安全、环保知识和技能，懂得基本的事故应急处置和急救知识，养成良好的工作生活习惯和态度，做到"我的安全我负责，你的安全我有责，企业的安全我尽责"，确保企业大局和队伍和谐稳定。为此，我们组织编写了一套图文并茂、简单易懂、便于携带、易于操作，适用于油气田企业基层岗位员工阅读使用的系列丛书"石油企业员工 QHSE 实用宝典"。

丛书共六册：《安全生产知识手册》《环境保护知识手册》《职业健康知识手册》《消防安全知识手册》《工程质量知识手册》《"低老坏"问题图册》，不仅能够有效指导企业员工将现场实际工作中需要注意的质量、健康、安全、环保等方面事项具体化、实用化，营造企业员工"时时学知识、处处是课堂"的浓厚氛围，还能够引导员工在工作中学习、在学习中工作，为企业质量健康安全环保培训提供了系统性教材，是一套供基层岗位操作员工参考使用的工具书。

前　言

生态兴则文明兴，生态环境变化直接影响文明兴衰演替。党的十八大以来，以习近平同志为核心的党中央以前所未有的力度抓生态文明建设，并创立"习近平生态文明思想""绿水青山就是金山银山"等理论引领美丽中国建设迈出重大步伐，环境保护已成为我国的基本国策，建设生态文明是中华民族永续发展的千年大计。

环境保护的好坏关系到子孙后代的可持续发展，关乎中华民族的未来。面对环境保护的严峻形势，油气田企业各级员工应牢固树立"环保优先、以人为本"的发展理念，掌握环境保护基本知识，将生态环境保护工作融入生产建设全过程。

本书主要介绍了油气田企业生态环境保护的基本概念和术语，针对日常生产过程中各类污染物，分析总结环保风险、排放要求、环境应急等内容，并分享生态环境保护典型案例。

员工通过学习本书能够增强全员参与环境保护的责任意识，降低企业环境保护风险，提高企业环保管理水平。

由于编者水平有限，经验不足，书中难免出现错误与疏漏之处，敬请读者批评指正。

目 录

① 基本概念

② 基础要求

③ 环境应急管理

4 生态环境治理技术

5 典型案例分析

1 基本概念

了解环境保护基本概念是做好生态环境保护管理工作的基础，深刻理解其内涵，能够拓展企业员工环境保护知识，提高员工环境保护意识，提升环境保护管理水平。

1.1 常用术语

（1）环境保护：为解决现实或潜在的环境问题，协调人类与环境的关系，保护人类的生存环境，保障经济社会的可持续发展而采取的各种行动的总称。

（2）环境监测：环境监测机构对环境质量状况进行监视和测定的活动。环境监测是通过对反映环境质量的指标进行监视和测定，以确定环境污染状况和环境质量的高低。

（3）环境保护设施：防治环境污染和生态破坏及开展环境监测所需的装置、设备和工程设施等。

（4）环境统计：按一定的指标体系和计算方法给出的能概略描述环境资源和环境质量状况、环境管理水平和控制能力的计量信息。

（5）污染源在线监控：现场安装用于监控和监测污染物排放的仪器、流量（速）计、污染治理设施运行的记录仪、数据采集传输设备等相关配套设施以及用于监控管理的系统。

（6）突发环境事件：指由于污染物排放或者自然灾害、生产安全事故等因素，导致污染物或者放射性物质等有毒有害物质进入大气、水体、土壤等环境介质，突然造成或者可能造成环境质量下降，危及公众身体健康和财产安全，或者造成生态环境破坏，或者造成重大社会影响，需要采取紧急措施予以应对的事件。

（7）环境保护违法违规事件：指企业单位在生产、建设或经营活动中因违反国家环境保护法律法规规定，虽未引发突发环境事件，但受到刑事追究或行政处罚，以及造成或可能造成社会影响的事件。

1.2 环境影响评价术语

（1）环境影响评价：对规划和建设项目实施后可能造成的环境影响进行分析、预测和评估，提出预防或者减轻不良环境影响的对策和措施，进行跟踪监测的方法与制度。

（2）环保"三同时"：建设项目需要配套建设的环境保护设施，必须与主体工程同时设计、同时施工、同时投产使用。

（3）竣工环境保护验收：编制环境影响报告书、环境影响报告表的建设项目竣工后，建设单位应当按照生态环境行政主管部门规定的标准和程序，对配套建设的环境保护设施进行验收。

（4）环境保护措施：预防或减轻对环境产生不良影响的管理或技术等措施。

（5）生态影响评价：通过定量地揭示与预测人类活动对生态的影响及其对人类健康与经济发展的作用分析，来确定一个地区的生态负荷或环境容量。

1.3 排污许可术语

（1）排污许可：具有法律意义的行政许可，是环境保护管理的八项制度之一，以许可证为载体，对排污单位的排污权利进行约束的一种制度。根据污染物产生量、排放量、对环境的影响程度等因素，对排污单位实行排污许可分类管理：污染物产生量、排放量或者对环境的影响程度较大的排污单位，实行排污许可重点管理；污染物产生量、排放量和对环境的影响程度都较小的排污单位，实行排污许可简化管理。

（2）执行报告：排污单位对自行监测、污染物排放及落实各项环境管理要求等行为的定期报告。排污单位应当按照排污许可证规定的内容、频次和时间要求，向审批部门提交排污许可证年度、季度、月度执行报告，如实报告污染物排放行为、排放浓度、排放量等。

（3）企业自行监测：按照生态环境保护法律法规要求，为掌握企业的污染物排放状况及其对周边环境质量的影响等情况，组织开展的环境监测活动。包括污染源手工（在线）监测、环境事件应急监测，以及为环境状况调查和评价等环境管理提供监测数据的其他环境监测活动。

（4）环境管理台账：排污单位对自行监测、落实各项环境管理要求行为的具体记录。环境管理台账记录要按照排污许可证规定的格式、内容和频次，如实记录主要生产设施、污染防治设施运行情况以及污染物排放浓度、排放量，是排污单位落实排污许可管理要求，自证清白的重要依据。

1.4 水污染防治术语

（1）水污染：水体因某种物质的介入，而导致其化学、物理、生物等方面特性的改变，从而影响水的有效利用，危害人体健康或者破坏生态环境，造成水质恶化的现象。

（2）水污染物：直接或者间接向水体排放的，能导致水体污染的物质。

（3）石油天然气开采采出水：油气田采油、采气过程伴随油气一起从地层中采出经分离出的水。

（4）工业废水：工业生产过程中产生的废水和废液，其中含有随水流失的工业生产用料、中间产物、副产品及生产过程中产生的污染物。石油天然气开采作业或生产过程中产生的废水，包括油气田采出水、钻井废水、井下作业废水、油气处理工艺废水、储罐清洗废水、循环冷却水排污水、化学水制取排污水、蒸气发生器排污水、锅炉排污水、污染雨水等。

（5）生活污水：生活废水指的是日常生活中排泄的洗涤水。石油天然气开采过程中排出的生活类的废水，包括生产现场班站用餐产生废水、卫生间废水等。生活污水所含的污染物主要是有机物（如蛋白质、碳水化合物、脂肪、尿素、氨氮等）和大量病原微生物（如寄生虫卵和肠道传染病毒等）。

（6）初期雨水：降雨初期时的雨水。一般是指地面10～15mm厚已形成地表径流的降水。由于降雨初期，雨水溶解了空气中的大量酸性气体、汽车尾气、工厂废气等污染性气体，降落地面后，又由于冲刷屋面、沥青混凝土道路等，使得前期雨水中含有大量的污染物质，前期雨水的污染程度较高，甚至超出普通城市污水的污染程度。

（7）化学需氧量：以化学方法测量水样中需要被氧化的还原性物质的量。废水、废水处理厂出水和受污染的水中，能被强氧化剂氧化的物质（一般为有机物）的氧当量，常用符号 COD 表示。

（8）氨氮：以游离氨（NH_3）和铵离子（NH_4^+）形式存在的化合氮。氨氮是水体中的营养素，可导致水富营养化现象产生，是水体中的主要耗氧污染物，对鱼类及某些水生生物有毒害作用。

（9）总磷：水样经消解后将各种形态的磷转变成正磷酸盐后测定的结果，以每升水样含磷毫克数计量。

（10）总氮：水中各种形态无机氮和有机氮的总量。包括 NO_3^-、NO_2^- 和 NH_4^+ 等无机氮和蛋白质、氨基酸和有机胺等有机氮，以每升水含氮毫克数计算。常被用来表示水体受营养物质污染的程度。

1.5 大气污染防治术语

（1）大气污染：大气中污染物质的浓度达到有害程度，以至破坏生态系统和人类正常生存和发展的条件，对人和物造成危害的现象。

（2）大气污染物：由于人类活动或自然过程排入大气的并对环境或人产生有害影响的那些物质。

（3）碳达峰：在某一个时点，二氧化碳的排放不再增长达到峰值，之后逐步回落。碳达峰是二氧化碳排放量由增转降的历史拐点，标志着碳排放与经济发展实现脱钩，达峰目标包括达峰年份和峰值。

（4）碳中和：国家、企业、产品、活动或个人在一定时间内直接或间接产生的二氧化碳或温室气体排放总量，通过植树造林、节能减排等形式，以抵消自身产生的二氧化碳或温室气体排放量，实现正负抵消，达到相对"零排放"。

（5）二氧化硫：大气主要污染物之一，有刺激性的硫氧化物。

（6）氮氧化物：大气主要污染物之一，由氮、氧两种元素组成的化合物，包括多种化合物。除一氧化二氮和二氧化氮以外，其他氮氧化物均不稳定。

（7）颗粒物：又称粉尘，气溶胶体系中均匀分散的各种固体或液体微粒。

（8）林格曼黑度：反映锅炉烟尘黑度（浓度）的一项指标。常用的检测方法有方格黑度比较法、望远镜式林格曼黑度仪测试法和数字式光电烟色仪测试法。

（9）温室气体：大气中能吸收地面反射的长波辐射，并重新发射辐射的一些气体，如水蒸气、二氧化碳、大部分制冷剂等，温室气体使地球变得更温暖的现象称为"温室效应"。

（10）挥发性有机物：常温下饱和蒸气压＞70Pa、常压下沸点在260℃以下的有机化合物，或在20℃条件下，蒸气压≥10Pa且具有挥发性的全部有机化合物，常用符号VOCs表示。

（11）泄漏检测与修复：对工业生产过程物料泄漏进行控制的系统工程。通过固定或移动式检测仪器，定量检测或检查生产装置中阀门等易产生VOCs泄漏的密封点，并在一定期限内采取有效措施修复泄漏点，从而控制物料泄漏损失，减少对环境造成的污染，常用符号LDAR表示。

（12）挥发性有机液体：一般包括原油、天然气凝液、液化石油气、稳定轻烃等。任何能向大气释放挥发性有机化合物的符合下列条件之一的有机液体：

① 20℃时，真实蒸气压≥0.3kPa 的单一组分有机液体。

② 20℃时，混合物中，真实蒸气压≥0.3kPa 的组分总质量占比≥20% 的有机液体。

（13）原油稳定：从原油中分离出轻质组分，减少原油蒸发损失的工艺过程。

（14）油罐烃蒸气回收：回收油罐中油品蒸发形成气态烃的工艺过程。

（15）浸液式密封：储罐浮盘的边缘密封接触储存物料液面的密封形式，又称液体镶嵌式密封。

（16）机械式鞋形密封：通过弹簧或配重杠杆等使金属薄板紧抵于储罐罐壁内表面的密封形式。

（17）双重密封：储罐浮盘边缘与储罐内壁间设置两层密封的密封形式，又称双封式密封。下层密封称为一次密封，上层密封称为二次密封。

（18）气相平衡系统：在挥发性有机液体装载设施与储罐之间或储罐与储罐之间设置的气体连通与平衡系统。

（19）碳捕集利用与封存：把生产过程中排放的二氧化碳进行捕获提纯，并投入到新的生产过程中进行循环利用或封存的一种技术，常用符号 CCUS 表示。

1.6 环境噪声污染防治术语

（1）环境噪声污染：产生的环境噪声超过国家规定的环境噪声排放标准，并干扰他人正常生活、工作和学习的现象。

（2）厂界环境噪声：在工业生产活动中使用固定设备等产生的，在厂界处进行测量和控制的干扰周围生活环境的声音。

（3）厂界：由法律文书（如土地使用证、房产证、租赁合同等）中确定的业主所拥有使用权（或所有权）的场地或建筑物边界。各种产生噪声的固定设备的厂界为其实际占地的边界。

（4）夜间：每日22：00至次日6：00的时段。

（5）昼间：每日6：00至22：00的时段。

1.7 固体废物污染防治术语

（1）固体废物：在生产、生活和其他活动中产生的丧失原有利用价值或者虽未丧失利用价值但被抛弃或者放弃的固态、半固态和置于容器中的气态的物品、物质及法律、行政法规规定纳入固体废物管理的物品、物质。

（2）危险废物：列入《国家危险废物名录》或者根据国家规定的危险废物鉴别标准和鉴别方法认定的具有危险特性的废物。

（3）一般固体废物：未列入《国家危险废物名录》或者根据国家规定的危险废物鉴别标准和鉴别方法认定不具有危险特性的固体废物。

（4）Ⅰ类一般固体废物：对于按照国家规定方法标准进行浸出试验而获得的固体废物浸出液中，任何一种污染物浓度均未超过国家污染物排放标准，且pH值在6～9之内的一般固体废物。

（5）Ⅱ类一般固体废物：对于按照国家规定方法标准进行浸出试验而获得的固体废物浸出液中存在一种或一种以上的污染物浓度超过国家污染物排放标准，或者pH值在6～9之外的一般固体废物。

（6）钻井废物：从开钻至完井过程中排出井筒和来自钻井液系统的废弃钻井液、岩屑，以及钻井过程中产生的废水和无法回收利用的残液。

（7）含油污泥：石油天然气勘探、开采、井下作业、集输、油气及废水（液）处理过程中产生的油与泥沙等固体颗粒形成的混合物。

（8）油泥化学热洗：通过化学药剂及热水共同作用于含油污泥，实现油、水、固体三相分离的处理过程。

（9）钻井废物固化：在钻井废物中加入固化剂，使其转变为非流动性的固态物或形成紧密固体物的过程。

（10）钻井废物稳定化：通过物理或化学手段将钻井废物中的有毒有害组分转变为惰性组分，或降低其溶解性、浸出率、迁移性、毒性的过程。

（11）油泥燃料化：含油污泥加入处理剂后经干燥制成燃料的处理过程。

（12）油泥热解：在隔氧加热条件下，含油污泥中有机物发生裂解，从而实现油气回收和污泥无害化、减量化的处理过程。

（13）油泥蒸汽喷射：将超热蒸汽经特制的喷嘴高速喷出，在高温及高速所产生的冲量作用下将含油污泥中石油类和水分迅速蒸出，实现污泥和油气分离的处理过程。

（14）油泥焚烧：焚化燃烧含油污泥，使其中的废矿物油得到分解、实现无害化的处理过程。

（15）油泥生物处理：利用微生物代谢作用消减含油污泥中石油烃等污染物的过程。

（16）固废处置：将固体废物焚烧或用其他物理、化学、生物特性的方法，达到减少已产生的固体废物数量、缩小固体废物体积、减少或者消除其危险成分的活动，或者将固体废物最终置于符合环境保护规定要求的填埋场的活动。

（17）固废利用：从固体废物中提取物质作为原材料或者燃料的活动。

（18）固废处理：通过物理、化学、生物等方法，使固体废物转化为适合于运输、贮存、利用和处置的活动。

1.8　放射性污染防治术语

（1）放射性同位素：某种发生放射性衰变的元素中具有相同原子序数但质量不同的核素。

（2）放射源：除研究堆和动力堆核燃料循环范畴的材料以外，永久密封在容器中或者有严密包层并呈固态的放射性材料。

（3）射线装置：X线机、加速器、中子发生器及其他含放射源的装置。

（4）放射性废物：含有放射性核素或者被放射性核素污染，其放射性核素浓度或者比活度大于国家确定的清洁解控水平，预期不再使用的废弃物。

（5）放射性污染：由于人类活动造成物料、人体、场所、环境介质表面或者内部出现超过国家标准的放射性物质或者射线的现象。

1.9　生态保护术语

（1）生态保护红线：在生态空间范围内具有特殊重要生态功

能、必须强制性严格保护的区域，是保障和维护国家生态安全的底线和生命线。通常包括具有重要水源涵养、生物多样性维护、水土保持、防风固沙、海岸生态稳定等功能的生态功能重要区域，以及存在水土流失、土地沙化、石漠化、盐渍化等生态环境敏感脆弱区域。

（2）环境敏感区：依法设立的各级各类自然、文化保护地，以及对建设项目的某类污染因子或者生态影响因子特别敏感的区域，主要包括：

① 自然保护区、风景名胜区、世界文化和自然遗产地、饮用水水源保护区。

② 基本农田保护区、基本草原、森林公园、地质公园、重要湿地、天然林、珍稀濒危野生动植物天然集中分布区、重要水生生物的自然产卵场及索饵场、越冬场和洄游通道、天然渔场、资源性缺水地区、水土流失重点防治区、沙化土地封禁保护区、封闭及半封闭海域、富营养化水域。

③ 以居住、医疗卫生、文化教育、科研、行政办公等为主要功能的区域，文物保护单位，具有特殊历史、文化、科学、民族意义的保护地。

（3）自然保护区：对有代表性的自然生态系统、珍稀濒危野生动植物物种的天然集中分布、有特殊意义的自然遗迹等保护对象所在的陆地、陆地水域或海域，依法划出一定面积予以特殊保护和管理的区域。

（4）饮用水水源保护区：为防止饮用水水源地污染、保证水源水质而划定，并要求加以特殊保护的一定范围的水域和陆域。饮用水水源保护区分为一级保护区和二级保护区，必要时可在保护区外划分准保护区。

（5）基本农田保护区：为了对基本农田实行特殊保护，依据土地利用总体规划和依照法定程序，以乡（镇）为单位进行划区界定，由县人民政府土地行政主管部门会同同级农业行政主管部门组织实施确定的特定保护区域。

（6）基本草原：重要放牧场；割草地；用于畜牧业生产的人工草地、退耕还草地以及改良草地、草种基地；调节气候、涵养水源、保持水土、防风固沙具有特殊作用的草原；作为国家重点保护野生动植物生存环境的草原；草原科研、教学试验基地；国务院规定应当划为基本草原的其他草原。

（7）森林公园：以大面积人工林或天然林为主体而建设的公园，是经过修整可供短期自由休假的森林，或是经过逐渐改造使其形成一定的景观系统的森林。

（8）地质公园：以具有特殊地质科学意义、稀有的自然属性、较高的美学观赏价值，具有一定规模和分布范围的地质遗迹景观为主体，并融合其他自然景观与人文景观而构成的一种独特的自然区域。

（9）国家重要湿地：符合国家重要湿地确定指标，湿地生态功能和效益具有国家重要意义，按规定进行保护管理的特定区域。

（10）绿色矿山：在矿产资源开发全过程中，科学有序地实施开采，对矿区及周边生态环境扰动控制在可控范围内，实现矿区环境生态化、开采方式科学化、资源利用高效化、企业管理规范化和矿区社区和谐化的矿山。

2 基础要求

本章依据生态环境保护法律法规要求，简述了油气田企业在"废水、废气、噪声和固废"管理上的基本要求，列出污染物排放标准，便于员工掌握环境保护基础知识。

2.1 废水管理

2.1.1 废水种类

油气田企业产生废水主要分为工业废水和生活污水。其中工业废水包括油气田采出水、钻井废水、井下作业废水、油气处理工艺废水、储罐清洗废水、循环冷却水排污水、蒸气发生器排污水、锅炉排污水、污染雨水、油管杆清洗废水等；生活污水包括班站餐厨废水、卫生间用水等。

2.1.2 执行标准

按照国家标准 GB 8978—1996《污水综合排放标准》要求，油气田企业工业废水和生活污水排放，根据排入水体地表水功能水域分类执行不同标准值。一般执行 COD 排放标准浓度限值100mg/L，氨氮排放标准浓度限值15mg/L。企业所在地有地方标准的执行地方标准。

2.1.3 相关要求

（1）排污许可手续。工业废水排放应按照国家排污许可要求办理与废水种类相适应的排污许可证。许可排放限值包括污染物许可排放浓度和许可排放量，并按照要求建立台账记录，形成执行报告。

（2）实行雨污分流。站场做到"清污分流、分质处理、分类回用"。初期雨水收集后进入油气管网系统或污水集中处理系统。

（3）废水治理设施。工业废水和生活废水处理设施要保证正常运行和废水稳定达标排放，并建立药剂使用、日处理量、维修停运等台账记录，设施报废、停运要在生态环境保护主管部门备案；委托处理废水的，预处理设施要保证正常运行，能够达到委托处理单位接管标准。

（4）排放口标志设置。排放口设置应符合 GB 15562.1—1995《环境保护图形标志　排放口（源）》等标准规定。排放口标志分为提示标志和警告标志。其中提示标志为正方形边框，背景颜色为绿色，图形颜色为白色；警告标志为三角形边框，背景颜色为黄色，图形颜色为黑色。标识牌必须保持清晰、完整，当发现形象损坏、颜色污染或有变化、褪色等情况应及时修复或更换，每年至少检查一次。推荐排放口标志样式及尺寸如图 2.1 所示。

（5）监测要求。油气田企业应按照环评、排污许可等要求的污染物种类和频次开展在线监测和手工监测。出现超标情况应立即采取应急措施，并上报环保主管部门备案。

（6）在线监测。安装在线监测设备的单位要办理验收备案手续，保证设备运行正常，采样点和监测房按照 HJ 353—2019《水污染源在线监测系统（COD_{Cr}、NH_3-N 等）安装技术规范》设置，并与政府部门和集团公司联网。

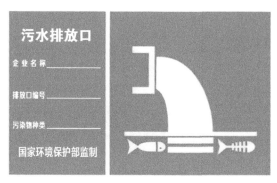

推荐尺寸宽为300mm，长为480mm（其中文字部分180mm，图例部分300mm）

图2.1　污水排放口推荐样式及尺寸图

（7）事故废水。油气田企业应按照环评等文件要求建立事故废水应急处理设施，设施容积、围堰、重要阀门等关键部位设置符合相关标准要求，能够有效保障环境污染事故产生废水能够有效截流、贮存及处理。

2.2　废气管理

2.2.1　废气排放方式

废气排放方式分为有组织排放和无组织排放。其中有组织排放指大气污染物经过排气筒排放；无组织排放指大气污染物不经过排气筒的无规则排放。

2.2.2　执行标准

按照GB 16297—1996《大气污染物综合排放标准》要求，有组织排放二氧化硫浓度限值为550mg/m³，氮氧化物浓度限值为240mg/m³，颗粒物浓度限值为120mg/m³。无组织排放厂界外浓度最高点限值二氧化硫为0.4mg/m³，氮氧化物为0.12mg/m³，颗粒物为 1.0mg/m³。重点地区执行特别排放限值的按照国家及地方政府要求执行。

（1）锅炉废气排放标准。执行 GB 13271—2014《锅炉大气污染物排放标准》要求，一般地区燃气锅炉执行二氧化硫排放浓度限值为 50mg/m³，氮氧化物排放浓度限值为 200mg/m³，颗粒物排放浓度限值为 20mg/m³。重点地区执行特别排放限值的按照国家及地方政府要求执行。

（2）工业炉窑废气排放标准。执行 GB 9078—1996《工业炉窑大气污染物排放标准》要求，一般地区执行颗粒物排放浓度限值为 100mg/m³，烟气黑度（林格曼级）为 1。重点地区执行特别排放限值的按照国家及地方政府要求执行。

（3）VOCs 排放标准。执行 GB 39728—2020《陆上石油天然气开采工业大气污染物排放标准》。油气集中处理站、涉及凝析油或天然气凝液的天然气处理厂、储油库边界非甲烷总烃浓度不应超过 4.0mg/m³。

2.2.3　相关要求

（1）排污许可手续。废气排放应按照国家排污许可要求办理与废气种类相适应排污许可证。废气排放口数量、位置、高度、污染物排放浓度要符合许可要求，并按照要求建立台账记录，形成执行报告。

（2）废气处理设施。废气处理设施要保证正常运行和废气稳定达标排放，并建立药剂使用、日处理量、维修停运等台账记录，设施报废、停运要在生态环境保护主管部门备案。

（3）排放口标志设置。排放口设置应符合 GB 15562.1《环

境保护图形标志 排放口（源）》等标准规定。排放口标志分为提示标志和警告标志。其中提示标志为正方形边框，背景颜色为绿色，图形颜色为白色；警告标志为三角形边框，背景颜色为黄色，图形颜色为黑色。标识牌必须保持清晰、完整，当发现形象损坏、颜色污染或有变化、褪色等情况应及时修复或更换，每年至少检查一次。推荐排放口标志样式及尺寸如图2.2所示。

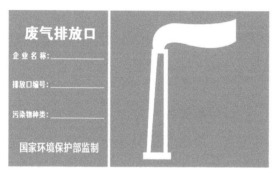

推荐尺寸宽为300mm，长为480mm（其中文字部分180mm，图例部分300mm）

图2.2　废气排放口推荐样式及尺寸图

（4）监测要求。油气田企业应按照环评、排污许可等要求的污染物种类和频次开展在线监测和手工监测。出现超标情况应立即采取应急措施，并上报环保主管部门备案。

（5）在线监测。安装在线监测设备的单位要办理验收备案手续，保证设备运行正常，采样点和监测房按照《固定污染源烟气（SO_2、NO_x、颗粒物）排放连续监测系统技术要求及检测方法》（HJ 76—2017）设置，并与政府部门和集团公司联网。

（6）VOCs治理。油气田企业VOCs产生源头主要有：有组织废气排放、设备动静密封点泄漏、有机液体装卸和储存挥发损失、运输过程与洗车排放、废水和废渣集输和处理过程逸散、事故排放、检维修排放、火炬排放等。目前采取的主要措施是：采用油气水密闭集输流程和原油稳定措施、LDAR 检测和泄漏点修复。末端治理方法有吸附法、吸收法、冷凝法、蓄热氧化法、蓄热催化法、生物法等。

（7）碳排放。碳排放量是指在生产、运输、使用及回收该产品时所产生的平均温室气体排放量。而动态的碳排放量，则是指每单位货品累计排放的温室气体量，同一产品的各个批次之间会有不同的动态碳排放量。

2.3 噪声管理

2.3.1 环境噪声种类

环境噪声分为工业生产噪声、建筑施工噪声、交通运输噪声和社会生活中噪声。

2.3.2 执行标准

油气田企业噪声排放执行 GB 12348《工业企业厂界环境噪声排放标准》。

0 类声环境功能区：指康复疗养区等特别需要安静的区域，执行昼间标准值 50dB（A），夜间标准值 40dB（A）。

1 类声环境功能区：指以居民住宅、医疗卫生、文化教育、科研设计、行政办公为主要功能，需要保持安静的区域，执行昼间标准值 55dB（A），夜间标准值 45dB（A）。

2 类声环境功能区：指以商业金融、集市贸易为主要功能，或者居住、商业、工业混杂，需要维护住宅安静的区域，执行昼间标准值 60dB（A），夜间标准值 50dB（A）。

3 类声环境功能区：指以工业生产、仓储物流为主要功能，需要防止工业噪声对周围环境产生严重影响的区域，执行昼间标准值 65dB（A），夜间标准值 55dB（A）。

4 类声环境功能区：指交通干线道路两侧一定距离之内，需要防止交通噪声对周围环境产生严重影响的区域，包括 4a 类和 4b 类两种类型。4a 类为高速公路、一级公路、二级公路、城市快速路、城市主干路、城市次干路、城市轨道交通（地面段）、内河航道两侧区域，执行昼间标准值 70dB（A），夜间标准值 55dB（A）；4b 类为铁路干线两侧区域，执行昼间标准值 70dB（A），夜间标准值 60dB（A）。

2.3.3 相关要求

（1）监测要求。油气田企业应按照环评、排污许可等要求的频次开展自行监测，并进行信息公开。

（2）噪声治理。产生噪声的各类机器设备，在设备选型时，应考虑噪音的影响，并注意安装、维护、保养，设置声屏障。在厂界区域接近声源或接收点设置夹芯板围挡墙（屏障对高频声可下降 10～15dB，屏障的高度增加一倍，则其减噪量可增加 6dB）；对主要噪声源机械设备安装隔声罩，从噪声源头降低噪声辐射。

（3）排放口标志设置。排放口设置应符合 GB 15562.1《环境保护图形标志—排放口（源）》等标准规定。排放口标志分为提示标志和警告标志。其中提示标志为正方形边框，背景颜色为绿色，图形颜色为白色；警告标志为三角形边框，背景颜色为黄色，图形颜色为黑色。标识牌必须保持清晰、完整，当发现形象损坏、颜色污染或有变化、褪色等情况应及时修复或更换，每年至少检查一次。推荐排放口标志样式及尺寸如图2.3所示。

推荐尺寸宽为300mm，长为480mm（其中文字部分180mm，图例部分300mm）

图2.3 噪声排放源推荐样式及尺寸图

2.4 固废管理

2.4.1 固废种类

固体废物按照危害状况分为危险废物和一般固体废物。油气田企业产生危险废物的种类见表2.1。

表2.1 石油开采过程中产生的主要危险废物信息

序号	废物名称	产生环节	废物代码	外观性状	特征污染物	产生规律	主要利用处置方式
1	废弃油基钻井液	钻井环节	071-002-08	半固体	废矿物油	连续产生	自行利用处置/委托持有危险废物经营许可证的单位利用处置
2	油基岩屑	钻井环节	071-002-08	固体	废矿物油	连续产生	自行利用处置/委托持有危险废物经营许可证的单位利用处置

序号	废物名称	产生环节	废物代码	外观性状	特征污染物	产生规律	主要利用处置方式
3	落地油	井下作业环节，采油环节，集输与处理环节	071–001–08	半固体、固体	废矿物油	间歇产生	自行利用处置/委托持有危险废物经营许可证的单位利用处置
4	清罐底泥	采油环节，集输与处理环节	071–001–08	半固体	废矿物油	间歇产生	自行利用处置/委托持有危险废物经营许可证的单位利用处置
5	浮油、浮渣、污泥	集输与处理环节	900–210–08	半固体、固体	废矿物油	连续产生	自行利用处置/委托持有危险废物经营许可证的单位利用处置
6	清管废渣	集输与处理环节	251–001–08/071–001–08	固体	废矿物油	间歇产生	自行利用处置/委托持有危险废物经营许可证的单位利用处置
7	废过滤吸附介质	集输与处理环节	900–041–49	固体	废矿物油	间歇产生	委托持有危险废物经营许可证的单位利用处置
8	废防渗材料	场地清理环节	900–249–08	固体	废矿物油	间歇产生	委托持有危险废物经营许可证的单位利用处置

一般固体废物主要有：生活垃圾、工业固体废物（废弃钻井液及岩屑、废皮带、废脱硫剂、废保温岩棉等）、建筑垃圾、餐厨垃圾等。

2.4.2　执行标准

危险废物收集、运输和贮存执行 HJ 2025《危险废物收集、贮存、运输技术规范》和 GB 18597《危险废物贮存污染控制标准》，危险废物管理执行《危险废物规范化管理指标体系》；一般固体废物产生和贮存执行《一般工业固体废物管理台账制定指南（试行）》和 GB 18599《一般工业固体废物贮存和填埋污染控制标准》。

2.4.3　管理要求

2.4.3.1　危险废物管理

（1）记录台账管理。

产废单位从生产工艺、事故应急、设备检修、场地清洗等方面分析产废环节，根据环评、排污许可和《国家危险废物名录（2021 年版）》确定危险废物名称、代码和危险特性，并按照《危险废物产生单位管理计划制定指南》附表要求，如实记录填报危险废物种类、产生量、流向、利用、处置和贮存台账记录。

（2）贮存管理。

贮存现场应满足"防风、防雨、防晒"要求。地面进行硬化及防渗处理；建立围堰或围挡，设置废水导排管道或渠道，将冲洗废水纳入企业废水处理设施处理或危险废物管理；贮存液态或半固态废物的，需设置泄漏液体收集装置；装载危险废物的容器完好无损；按照危险废物特性进行分类贮存，严禁混合贮存性质不相容且未经安全性处置的危险废物；显著位置张贴危险废物污染防治责任制度及相关信息，且张贴信息能够表明危险废物产生环节、危险特性、去向及责任人等。

（3）标志管理。

① 危险废物贮存场所警告标志设置。

危险废物贮存设施为房屋的，应将危险废物警告标志（图2.4）悬挂于房屋外面门的一侧，靠近门口适当的高度上；当门的两侧不便于悬挂时，则悬挂于门上水平居中、高度适当的位置上。

	说明
	1. 危险废物警告标志规格形状：等边三角形，边长 40cm。
	2. 颜色背景为黄色，图形为黑色。
	3. 警告标志外檐 2.5cm。
	4. 适用于：危险废物贮存设施为房屋的，建有围墙或防护栅栏，且高度高于 100cm 时；部分危险废物利用、处置场所

图2.4　危险废物警告标志牌式样一
（适合于室内外悬挂的危险废物警告标志）

危险废物贮存设施建有围墙或防护栅栏，且高度高于150cm的，应将危险废物警告标志（图2.4）悬挂于围墙或防护栅栏比较醒目、便于观察的位置上；当围墙或防护栅栏的高度在100～150cm之间时，危险废物警告标志（图2.4）则应靠近上沿悬挂；围墙或防护栅栏高度不足100cm时，应设立独立的危险废物警告标志（图2.5）。

危险废物贮存设施为其他箱、柜等独立贮存设施的，可将危险废物警告标志（图2.4）悬挂在该贮存设施上，或在该贮存设施附近设独立的危险废物警告标志（图2.5）。

危险废物贮存于库房一隅的，将危险废物警告标志（图2.4）悬挂在对应的墙壁上，或设立独立的危险废物警告标志（图2.5）。

说明
1. 主标识要求同图 2.4。
2. 主标识背面以螺丝固定，以调整支杆高度，支杆底部可以埋于地下，也可以独立摆放，标志牌下沿距地面 120cm。
3. 适用于：
（1）危险废物贮存设施建有围墙或防护栅栏的高度不足 100cm 时。
（2）危险废物贮存设施其他箱、柜等独立贮存设施的，其箱、柜上不便于悬挂时。
（3）危废贮存于库房一隅的，需独立摆放时。
（4）所产生的危险废物密封不外排存放的，需独立摆放时。
（5）部分危险废物利用、处置场所

图 2.5　危险废物警告标志牌式样二
（适合于室内外独立摆放或树立的危险废物警告标志）

所产生的危险废物密封不外排存放的，可将危险废物警告标志（图 2.4）悬挂于该贮存设施适当的位置上，也可在该贮存设施附近设立单独的危险废物警告标志（图 2.5）。

②危险废物处置场所警告标志设置。

危险废物处置设施外建有厂房的，危险废物警告标志（图 2.4）设置要求同危险废物贮存设施。

危险废物处置设施外未建厂房或不便于悬挂的，应当设立独立的危险废物警告标志（图 2.5）。

③危险废物贮存场所标签设置。

危险废物贮存在库房内或建有围墙、防护栅栏的，可将危险废物标签（图 2.6）悬挂在内部墙壁（围墙、防护栅栏）适当位置上；当所贮存的危险废物在两种及两种以上时，危险废物标签（图 2.6）的悬挂应与其分类相对应；当库房内不便于悬挂危险废物标签，或只贮存单一种类危险废物时，可将危险废物标签悬挂于库房外面危险废物警告标志一侧，与危险废物警告标志相协调。

图 2.6　危险废物标签式样一
（适合于室内外悬挂的危险废物标签）

危险废物贮存设施为其他箱、柜等独立贮存设施的，可将危险废物标签（图 2.6）悬挂于危险废物警告标志左侧，与危险废物警告标志协调居中。

危险废物贮存围墙或防护栅栏的高度不足 100cm 的，危险废物标签与危险废物警告标志并排设置（图 2.7）。

④ 盛装危险废物容器标签粘贴。

盛装危险废物的容器上必须粘贴危险废物标签（图 2.8），当采取袋装危险废物或不便于粘贴危险废物标签时，则应在适当的位置系挂危险废物标签牌（图 2.9）。

说明

1. 危险废物警告标志要求同图2.4。

2. 危险废物标签要求同图2.6。

3. 支杆距地面120cm。

4. 适用于：

（1）危险废物贮存设施建有围墙或防护栅栏的高度不足100cm时。

（2）危险废物贮存设施其他箱、柜等独立贮存设施的，其箱、柜上不便于悬挂时。

（3）危险废物贮存于库房一隅的，需独立摆放时。

（4）所产生的危险废物密封不外排存放的，需独立摆放时

图2.7　危险废物标签式样二

（适合于室内外独立树立或摆放的危险废物标签）

说明

1. 危险废物标签尺寸：20cm×20cm。

2. 底色：醒目的橘黄色。

3. 字体：黑体字。

4. 字体颜色：黑色。

5. 危险类别：按危险废物特性选择。

6. 材料为不干胶印刷品

图2.8　危险废物标签式样三

（粘贴于危险废物储存容器上的危险废物标签）

	说明
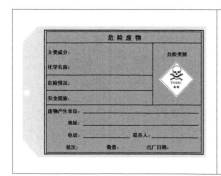	1. 危险废物标签尺寸：10cm×10cm。 2. 底色：醒目的橘黄色。 3. 字体：黑体字。 4. 字体颜色：黑色。 5. 危险类别：按危险废物特性选择。 6. 材料为印刷品

图2.9 危险废物标签式样四
（系挂于袋装危险废物包装物上的危险废物标签）

⑤ 危险废物转运车警告标志和标签设置。

专用危险废物转运车应当喷涂或粘贴固定的危险废物警告标志和危险废物标签。

⑥ 危险废物标志牌式样。

⑦ 危险废物危险类别见表2.2。

表2.2　危险废物危险类别

危险类别	警告标志	危险类别	警告标志
oxidizing 助燃	OXLDIZING 助燃 黑色字黄色底	corrosive 腐蚀性	CORROSIVE
irritant 刺激性	✕ IRRIANT 刺激性	asbestos 石棉	ASBESTOS 石棉 Do not Inhale Dust 切勿吸入石棉尘埃

危险类别	警告标志	危险类别	警告标志
explopsive 爆炸性	 黑色字 橙色底	toxic 有毒	
flammable 易燃	 黑色字 红色底	harmful 有害	

2.4.3.2 一般固体废物管理

（1）记录台账管理。产废单位从生产工艺、事故应急、设备检修、场地清洗等方面分析产废环节，根据环评、排污许可和《一般工业固体废物管理台账制定指南（试行）》确定工业固体废物名称、代码，并按照《一般工业固体废物管理台账制定指南（试行）》附表要求，如实记录填报工业固体废物种类、产生量、流向、利用、处置和贮存台账记录。

（2）贮存管理。贮存现场应满足"防扬散、防流失、防渗漏"要求，并分类贮存，严禁与危险废物混放。

（3）标志管理。一般固废贮存场所标志设置应符合 GB 15562.1《环境保护图形标志—排放口（源）》等标准规定。排放口标志分为提示标志和警告标志。其中提示标志为正方形边框，背景颜色为绿色，图形颜色为白色；警告标志为三角形边框，背景颜色为黄色，图形颜色为黑色。标识牌必须保持清晰、完整，当发现形象损坏、颜色污染或有变化、褪色等情况应及时修复或更换，每年至少检查一次。推荐排放口标志样式及尺寸如图2.10所示：

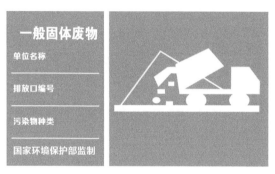

推荐尺寸宽为300mm，长为480mm（其中文字部分180mm，图例部分300mm）

图2.10　一般固体废物排放口推荐样式尺寸图

2.4.3.3　垃圾分类管理

（1）垃圾分类。

有害垃圾：废弃含油抹布（棉纱）和劳保用品、废电池、废灯管、废药品、废油漆等。

可回收物：废纸、废皮带、废金属、废塑料、废水瓶等。

厨余垃圾：废果皮、菜叶、剩饭剩菜、饭后垃圾等。

建筑垃圾：施工过程中产生的渣土、弃土、弃料、余泥及其他废弃物。

其他垃圾。

（2）垃圾处理。

有害垃圾中属于危险废物的收集至危险废物贮存设施，属于危险废物豁免管理的，按照相关管理要求进行处置利用。

可回收物和其他垃圾可以委托第三方收集运输至地方政府垃

圾处理站。

厨余垃圾根据所属地政府主管部门要求委托具有专业化处理资质的单位进行运输和处理。

建筑垃圾应编制建筑垃圾处理方案，采取污染防治措施，并报环境卫生主管部门备案，并按照环境卫生主管部门要求进行利用和处置。

3 环境应急管理

本章以国家环保应急管理要求为依据，简述了环保应急预案编制、环境事件分类分级等内容，便于员工掌握现场环境应急处置要点，有效处置突发环境事件。

3.1 基本要求

3.1.1 环境应急预案的编制要求

（1）符合国家相关法律、法规、规章、标准和编制指南等规定。

（2）符合本地区、本部门、本单位突发环境事件应急工作实际。

（3）建立在环境敏感点分析基础上，与环境风险分析和突发环境事件应急能力相适应。

（4）应急人员职责分工明确、责任落实到位。

（5）预防措施和应急程序明确具体、操作性强。

（6）应急保障措施明确，并能满足本单位应急工作要求。

（7）预案基本要素完整，附件信息正确。

（8）与相关应急预案相衔接。

3.1.2 环境应急预案修订

企业结合环境应急预案实施情况，至少每三年对环境应急预案进行一次回顾性评估。有下列情形之一的应及时修订：

（1）面临的环境风险发生重大变化，需要重新进行环境风险评估的。

（2）应急管理组织指挥体系与职责发生重大变化的。

（3）环境应急监测预警及报告机制、应对流程和措施、应急保障措施发生重大变化的。

（4）重要应急资源发生重大变化的。

（5）在突发事件实际应对和应急演练中发现问题，需要对环境应急预案作出重大调整的。

（6）其他需要修订的情况。

3.2 事件分级

3.2.1 突发环境事件分级

中国石油天然气集团有限公司（以下简称集团公司）突发环境事件分为特别重大、重大、较大、一般四个等级。

（1）凡符合下列情形之一的，为特别重大突发环境事件：

① 因环境污染直接导致 30 人以上死亡或 100 人以上中毒或重伤的。

② 因环境污染疏散、转移人员 5 万人以上的。

③ 因环境污染造成直接经济损失 1 亿元以上的。

④ 因环境污染造成区域生态功能丧失或该区域国家重点保护物种灭绝的。

⑤ 因环境污染造成设区的市级以上城市集中式饮用水水源地取水中断的。

⑥ Ⅰ、Ⅱ类放射源丢失、被盗、失控并造成大范围严重辐射污染后果的；放射性同位素和射线装置失控导致 3 人以上急性死亡的；放射性物质泄漏，造成大范围辐射污染后果的。

⑦ 造成重大跨国境影响的境内突发环境事件。

（2）凡符合下列情形之一的，为重大突发环境事件：

① 因环境污染直接导致 10 人以上 30 人以下死亡或 50 人以上 100 人以下中毒或重伤的。

② 因环境污染疏散、转移人员 1 万人以上 5 万人以下的。

③ 因环境污染造成直接经济损失 2000 万元以上 1 亿元以下的。

④ 因环境污染造成区域生态功能部分丧失或该区域国家重点保护野生动植物种群大批死亡的。

⑤ 因环境污染造成县级城市集中式饮用水水源地取水中断的。

⑥ Ⅰ、Ⅱ类放射源丢失、被盗的；放射性同位素和射线装置失控导致 3 人以下急性死亡或者 10 人以上急性重度放射病、局部器官残疾的；放射性物质泄漏，造成较大范围辐射污染后果的。

⑦ 造成跨省级行政区域影响的突发环境事件。

（3）凡符合下列情形之一的，为较大突发环境事件：

① 因环境污染直接导致 3 人以上 10 人以下死亡或 10 人以上 50 人以下中毒或重伤的。

② 因环境污染疏散、转移人员 5000 人以上 1 万人以下的。

③ 因环境污染造成直接经济损失 500 万元以上 2000 万元以下的。

④ 因环境污染造成国家重点保护的动植物物种受到破坏的。

⑤ 因环境污染造成乡镇集中式饮用水水源地取水中断的。

⑥ Ⅲ类放射源丢失、被盗的；放射性同位素和射线装置失控导致 10 人以下急性重度放射病、局部器官残疾的；放射性物质泄漏，造成小范围辐射污染后果的。

⑦ 造成跨设区的市级行政区域影响的突发环境事件。

（4）一般突发环境事件具体细分为一般 A 级、一般 B 级、一般 C 级三个级别。

① 符合下列情形之一的，为一般 A 级突发环境事件：

因环境污染直接导致 3 人以下死亡，或 3 人以上 10 人以下中毒或重伤的；

因环境污染疏散、转移人员 1000 人以上 5000 人以下的；

因环境污染造成直接经济损失 200 万元以上 500 万元以下的；

因环境污染造成跨县级行政区域纠纷，引起一般性群体影响的；

Ⅳ、Ⅴ类放射源丢失、被盗的；放射性物质泄漏，造成厂区内或设施内局部辐射污染后果的。

② 符合下列情形之一的，为一般 B 级突发环境事件：

因环境污染直接导致 3 人以下中毒或重伤的；

因环境污染疏散、转移人员 100 人以上 1000 人以下的；

因环境污染造成直接经济损失 50 万元以上 200 万元以下的；

放射性同位素和射线装置失控导致人员受到超过年剂量限值的照射的。

③ 符合下列情形之一的，为一般 C 级突发环境事件：

因环境污染疏散、转移人员 100 人以下的；

因环境污染造成直接经济损失 50 万元以下的；

对环境造成一定影响，尚未达到一般 B 级突发环境事件级别的。

3.2.2　环境违法违规事件分级

环境违法违规事件按照事件性质、严重程度、影响范围等因素，分为重大、较大和一般三个等级。

（1）凡符合下列情形之一的，为重大环境违法违规事件：

① 因违反生态环境保护法律法规，引起国家领导人关注并作批示的。

② 干扰、抵制中央环保督察、国家生态环境保护专项督查工作，情节恶劣的。

③ 因破坏生态环境，企业有关人员受到刑事责任追究的。

（2）凡符合下列情形之一的，为较大环境违法违规事件：

① 因违反生态环境保护法律法规，受到国务院相关部委行政处罚，或引起国务院相关部委领导关注并作批示的。

② 被国际重要媒体负面报道，经查实存在生态环境违法违规事实的。

③ 因违反生态环境保护法律法规，导致集团公司被列入环境公益诉讼被告并败诉的。

④ 被中央环保督察，全国人大或国务院及其相关部委生态环境专项检查通报或督办后，落实整改不到位或不及时的。

（3）一般环境违法违规事件分为一般 A 级、一般 B 级、一般 C 级三个级别。

① 凡符合下列情形之一的，为一般 A 级环境违法违规事件：

被中央环保督察，全国人大或国务院及其相关部委生态环境专项检查通报或督办的；

因违反生态环境保护法律法规，被省级生态环境保护相关部门处以行政处罚，企业承担主体责任的；

被国内主流媒体负面报道，经查实存在生态环境违法违规事实的；

因破坏生态环境，引起环境公益诉讼败诉、生态损害赔偿，或因违反生态环境保护法律法规被政府责令限制生产、停产整治的；

因违反生态环境保护法律法规，引起集团公司领导关注并作批示的。

② 凡符合下列情形之一的，为一般 B 级环境违法违规事件：

因违反生态环境保护法律法规，被地市级及以下生态环境保护相关部门处以行政处罚 20 万元以上，企业承担主体责任的；

被中央环保督察，全国人大或国务院及其相关部委生态环境专项检查等查实问题后，未按要求落实整改的；

被省级主流媒体负面报道，经查实存在生态环境违法违规事实的。

③ 凡符合下列情形之一的，为一般 C 级环境违法违规事件：

因违反生态环境保护法律法规，被地市级及以下生态环境保护相关部门处以行政处罚 20 万元以下，企业承担主体责任的；

地方政府或集团公司检查发现生态环境违法违规问题，未及时落实整改的；

被地市级主流媒体负面报道，经查实存在生态环境违法违规事实的；

造成一定影响，尚未达到一般 B 级事件的。

发生较大及以上环境违法违规事件，由集团公司组织事件调查。发生一般环境违法违规事件，由所属专业分公司组织事件调查。

3.3 常见应急处置措施

3.3.1 突发水环境污染事件处置

（1）采取措施迅速控制泄漏源，在事件发生的第一时间停止管输作业，关闭泄漏管线两端的阀门，阻止其继续污染水体，同时判断其是否属易挥发的有毒有害气体。

（2）迅速了解事件的起因，查清污染源及事发地下游一定范围的地表及地下水文条件、重要保护目标及其分布等情况，重点关注附近环境敏感点。

（3）实施应急监测，对水体进行跟踪监测，确定污染物种类和浓度，出具监测数据。测量水体流速，估算污染物转移、扩散速率。

（4）针对特征污染物质，采取有效措施使之被有效拦截、吸收、分解，降低水环境中污染物质的浓度。随时掌握环境污染情况，提出应采取的处置措施。

（5）受污染水体治理。

① 小河、水渠或其他流速缓慢的地表水体受到污染时，设法在污染区域下方设置拦水坝，将受污染水体与其他水体隔离，采取措施消除受污染水体的污染。

② 对于可阻断其流动的小河及其他水体，在受污染段的两端

筑堤将水体隔离，将受污染的水体泵到可接纳的水体中，就地进行曝气等处理，或引入市政或其他污水处理厂进行处理。

③ 密度大、不溶于水的污染物沉于水底，用泵将水排干后，将污染物与表面污泥一起取出，做其他处理；对于不能阻断水流的水体，可采用挖泥船或其他挖泥设备，将沉于水底的污染物与污泥一同挖出，作其他处理。

④ 在河流、湖泊、沼泽、上下水线等水体受到污染后，选择适当位置在一处或多处拦截外溢的污染物，用泵、容器、吸附材料或人工等方法将污染物转入临时贮存设施，尽量回收利用，不能回收利用的通过污水处理场逐步处理或其他方式处理。

（6）严防饮水中毒事件的发生，制定水中毒事件预防措施，做好对中毒人员的救治工作。

（7）采取其他措施。如其他企业污染物限排、停排，调水，污染水体疏导，自来水厂的应急措施等。

3.3.2 突发油气管道泄漏处置

（1）在事件发生的第一时间停止管输作业，迅速切断泄漏源。天然气或易挥发油品泄漏时，及时切断周边电源，杜绝火源。

（2）封闭事故现场。根据有关规定测算影响半径，及时设置警戒线，可据气体检测结果适当扩大警戒范围。

（3）及时采取"设置隔油栏、喷洒吸油剂、投放吸油毡"等措施，用机械或人工回收等方法，组织相关河渠、苇塘等油污清收工作，最大限度地回收油水，产生油泥运送至合规贮存地点。必要时，协调做好环境监测工作。

（4）合理制定抢修方案。查找漏点及初步处置时，严格控制非防爆易产生火花设备、工具的使用，抢修人员必须穿戴齐全防静电服装等。采用清理油污、吸油毡、喷洒泡沫等方式驱散和稀释泄漏物，防止形成爆炸性混合物，引发次生灾害。

（5）动火前，必须清理现场易燃物，并检测有毒有害气体浓度，确认安全后，迅速组织力量对泄漏管线进行封堵、抢修作业，并实时检测气体浓度。若有毒有害气体浓度过高，应采用防爆强制通风方法。根据实际需要，备好夜间施工防爆照明灯。

（6）试压合格后，认真做好管道防腐处理，及时组织投产。

（7）伴随有毒有害气体泄漏处置：

① 组织专业医疗救护小组，抢救现场中毒人员。

② 发出有毒气体逸散报警，必要时，疏散周围居民。同时，做好环境监测工作。

③ 检测人员必须穿戴防护服及正压式空气呼吸器，并据风向，合理实时检测。

④ 抢修人员必须穿戴防护服、正压式空气呼吸器。

3.3.3 危险废物或危险化学品污染事件处置

（1）采取有效措施，尽快切断污染源。

（2）迅速了解事发地地形地貌、气象条件、地表及地下水文条件、重要保护目标及其分布等情况，采取措施尽力保护重要目标不受污染。

（3）若污染物质污染了水体，则实时监测水体中污染物质的浓度，预测污染物质的迁移转化规律，及时采取相应措施，严防发生饮水中毒事件。

（4）实时监测大气中剧毒物质的浓度，并预测污染物的迁移扩散及转化规律，及时采取相应措施。

（5）对土壤中的污染物质进行消毒、洗消、清运，最大限度地消除危害。

（6）做好可能受污染人群的疏散及中毒人员的救治工作。

3.3.4 突发硫化氢等有毒气体扩散事件处置

（1）采取有效措施，尽快切断污染源。

（2）迅速了解事发地地形地貌、气象条件、重要保护目标及其分布等情况。

（3）迅速布点监测，确定污染物种类、浓度，以及现场空气动力学数据（气温、气压、风向、风力、大气稳定度等），采取有效措施保护敏感环境目标。

（4）做好可能受污染人群的疏散及对毒气中毒人员的救治工作。

（5）对污染状况进行跟踪监测，预测污染扩散强度、速度和影响范围，及时调整对策。

3.3.5 辐射事件的处置

（1）放射性同位素和射线装置丢失或被盗。

组织力量排查与搜寻丢失、被盗的物质；配合公安机关、武警部队、环保部门进行调查、侦破；在指定区域内宣传放射性物质的危害特性。

（2）放射性物质泄漏。

迅速做好事件现场布控，设定初始隔离区，紧急疏散转移隔离区内所有无关人员；积极与当地政府环保、卫生、公安部门协调，切断一切可能扩大辐射污染范围的途径。

　　迅速收集现场信息，组织制定现场处置方案并负责实施；组织专业技术人员佩戴个人防护用具进入事件现场，确定放射性同位素种类、活度、污染范围和污染程度，实时监测空气中放射强度，尽早查明事件原因，为事件处理提供科学依据。

　　在采取有效个人安全防护措施的情况下，组织人员彻底清除污染。根据核素的特性，分别采用酸、碱、络合剂等清洗剂擦拭去污；对可见的放射性液体可先用吸水纸、布、棉花吸干，对放射性粉末可先用湿棉花、湿纸收集，然后再用适当除污方法和除污剂，清除方向由轻污染处向重污染处移动，防止污染扩大。同时做好放射性污染物收集处理，除污过程产生的废物，待集中送至放射性废物库永久存放处理。对可能受放射性核素污染或者放射损伤的人员，立即采取暂时隔离和应急救援措施。组织有可能受到放射性物质伤害的周边群众进行体检和治疗。

4 生态环境治理技术

本章根据油气田企业生产现状，简述了钻井废弃泥浆不落地处理、绿色修井作业、油泥处理等内容，便于员工掌握污染物处理知识，提升现场环保管理水平。

4.1 钻井废弃泥浆不落地处理

钻井废弃泥浆不落地处理就是改变挖循环池的传统做法，在钻井施工过程中，利用多相高效分离与减量化处理技术对废弃泥浆和岩屑进行现场处理或将钻井施工现场产生废弃泥浆和岩屑集中拉运至泥浆处理站处理的方式。废水和部分泥浆进行处理后再利用，减少土地使用量和降低对环境的污染。其工艺流程如图 4.1 所示：

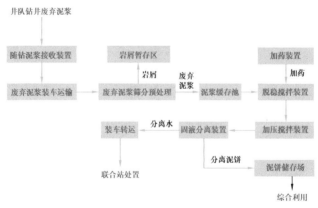

图 4.1 钻井废弃泥浆不落地处理工艺流程图

钻井废弃泥浆不落地处理实施过程主要有：

（1）泥浆预处理：井场不落地废弃泥浆运至处理站进行筛分预处理，筛分出的岩屑转至岩屑暂存区，筛分后的泥浆进入泥浆缓存池。

（2）脱稳、混凝、调节加药处理：泥浆缓存池中的泥浆在泵入泥浆脱稳搅拌装置之后，加药装置向泥浆脱稳搅拌装置先后加入不同药剂充分搅拌，使泥浆破稳、混凝、聚结，再经酸碱调节泵泵入加压搅拌装置。加入的主要药剂为：

破稳降黏剂：破胶、氧化反应打破泥浆体系稳定性。

混凝聚结剂：絮凝、络合反应，起到凝练、固化作用。

高效沥水剂：吸附固结有害物质，废弃泥浆固液强制分离支撑剂，使泥饼快速形成。

调节剂：酸碱度调节。

（3）固液分离：加压搅拌装置中泥浆经渣浆泵泵入固液分离装置进行固液强制分离，分离后的泥饼经输送装置转至泥饼暂存区综合利用制砖等，分离的滤液经管线输送至滤液池装车转运联合站回注处置。

（4）处理后目标：剩余固相符合 SY/T 7298—2016《陆上石油天然气开采钻井废物处置污染控制技术要求》标准要求。

4.2　绿色修井作业

在修井作业施工过程中，随着油管、泵杆的起下，会将部分油水带出地面。如果收集和处理不当，会造成遗洒和散落，对环境造成影响。通过使用地面集液设施（钢质平台或聚氨酯防渗布）、油管刮油、地面泄油、密闭连续冲砂等技术实现清洁生产，达到无污染作业的要求。

绿色修井作业应用的主要技术如下。

4.2.1　地面集液设施

（1）修井作业准备前，在井口、管杆桥等易造成污染的区域铺设地面集液设施，井口地面集液设施与管杆桥地面集液设施之间通过导流软管连通，井口处略高于管杆桥处。根据油田井场大小和平整情况等，自主选择钢质平台、聚氨酯防渗布或两者组合。根据油田修井设备配置，定制相应规格尺寸的地面集液设施，要求地面集液设施四周超出上覆设备设施轮廓500mm，如XJ90Z修井机地面集液设施规格尺寸为12m×3.3m。管杆桥及井口处地面集液设施围堰高度≥200mm，其余设备设施处地面集液设施围堰高度≥50mm。钢质平台厚度≥5mm，聚氨酯防渗布厚度≥1.5mm。

（2）修井作业过程中，井内管杆携带液被井口地面集液设施收集，并导流至管杆桥地面集液设施中。

（3）修井作业完成后，用罐车对地面集液设施内油水进行回收。回收油水进入采油单位内部集输系统进行原油再回收。地面集液设施清洗后，可反复使用。

4.2.2　油管刮油技术

油管刮油器主要由胶芯、压紧螺栓、压盖组成。修井作业起下管柱时，油管外壁与刮油胶筒紧密接触，通过胶筒的弹力，将油管外壁的油污刮落至套管内。用顶丝顶上胶筒，再用压盖从上部压紧胶筒，防止胶筒上下窜动，避免造成环境污染。

4.2.3　地面泄油技术

泄油器由两瓣钢壳体、上下密封槽、泄油口、手柄、泄油器支架构成。通过地面加压的方式打开泄油器。当压力达到设定压力后，工具顺利打开，将地面泄油器装置与套管四通连接，通过支架上的滑道可以移动泄油器位置。在卸开生产油管后，将泄油器移动到井口，关闭两瓣钢壳体，密封住油管连接，上提油管，油管内液体漏入泄油器内，通过泄油器泄油孔使液体回流到套管内，后打开泄油器，移离井口，进行下步操作。

4.2.4　密闭连续冲砂技术

在冲砂和磨钻作业过程中，井口安装一种液体换向装置，在接换单根时，通过地面快速阀门关闭井口油管通道，接通侧向接头通道，通过井口换向装置将侧向接头来液引入油管通道，继续保持井筒内正循环的流动状态，实现液体的连续循环，就可以预防卡钻事故的发生，同时还能实现井口液体密闭循环，提高磨钻、冲砂的工作质量和效率。

4.3　化学精细热洗—离心分离技术

含油污泥通过破碎、分拣后，分选出大块含油杂物，剩余含油浆液经两级化学精细热洗—离心分离，辅以化学清洗药剂，将油与泥沙分离开来，处理后剩余固相满足行业标准要求，可资源化利用。该技术适用于含杂物较多的落地油泥及清罐油泥的减量化处理。

落地油泥及清罐油泥由上料桁吊抓取至破碎机，破碎后的物料由螺旋输送机输送至预热槽预热，然后由提升机提取至流化罐，加热、加药、充分搅拌反应。接着进入干洗转笼分拣，大块杂质被分拣出来，进入水洗浮选罐清洗后分离、装袋。经干洗转笼筛孔滤下的细物料进入洗砂罐清洗后装袋，其余混合泥浆液经振动筛分离出丝状物。经洗砂罐清洗筛分后的均质泥浆液泵输至一级离心机内，进行污油水与泥的分离。分离的污油水调剖处理，分离的污泥再进入均质洗泥橇，加药反应后再进入二级离心机进行固液分离。分离出的污水调剖处理，分离后的剩余固相定点合规堆放。处理后含油率≤2%，符合SY/T 7301—2016《陆上石油天然气开采含油污泥资源化综合利用及污染控制技术要求》标准要求。工艺流程图如图4.2所示。

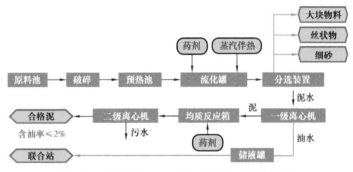

图4.2 化学精细热洗—离心分离技术工艺流程图

4.4 化学精细热洗—三相离心分离技术

化学精细热洗—三相离心分离技术是通过泵输的方式将不含杂物的均质原料（浮渣及清罐油泥）输送至调质罐，经加热、加药、搅拌，充分反应完全，使含油污泥中的原油与泥相剥离，最后再经三相离心机将物料中的油、水、泥三相分离开来，分离出的油可回收入罐资源化利用，处理后剩余固相满足行业标准要求，可资源化利用。处理对象为浮渣、清罐油泥及含水量较高的均质油泥。

含油污泥原料进入调质单元（调质罐），根据原料含水情况适量补水稀释，采用导热油进行加热、加药，搅拌均质，充分反应一段时间。然后泵输至特制的三相离心机进行油、水、泥的三相分离。经离心机分离出的原油回收入储油罐交采油厂资源化利用，分离出的污水输送至联合站污水系统，分离出的污泥再经二次清洗—三相离心分离，最终分离后的剩余固相含油率降至 2% 以下，转移至污泥暂存池或晾晒场合规堆放，进行资源化利用。工艺流程图如图 4.3 所示。处理后目标含油率≤2%，符合 SY/T 7301《陆上石油天然气开采含油污泥资源化综合利用及污染控制技术要求》标准要求。

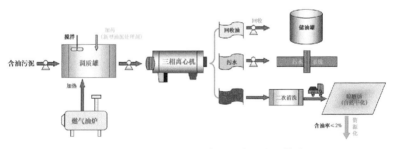

图 4.3　化学精细热洗—三相离心分离技术工艺流程图

4.5　土壤修复技术

土壤修复技术是利用修复剂中活性成分与含油污泥中水分及部分化学物质发生快速胶凝反应，在含油污泥体中快速形成骨架结构，同时促进细胞内水分释放及污泥微颗粒团聚，彻底改变含油污泥的高持水性，促进泥水分离并提高抗压强度，达到对含油污泥进行无害化处理的目的。处理对象为分布较分散、不便集中的落地油泥或受污染土壤。

采样分析（试验），配比修复剂。然后，通过机械搅拌，加入修复剂，预处理。接着，使用专用设备，根据油泥特性依次加入修复剂，搅拌处理（形成惰性物质完成无害化处置）。二次加入修复剂（均匀化处置）。最后出成品，经光催化剂催化反应，72h后剩余固相含油率≤2%，井场原位修复。工艺流程图如图4.4所示。处理后目标含油率≤2%，符合SY/T 7301《陆上石油天然气开采含油污泥资源化综合利用及污染控制技术要求》标准要求。处理后的剩余固相进行井场原位修复，处理过程中不产生污油与污水。

图4.4　土壤修复技术工艺流程图

4.6　VOCs管控措施

按照GB 50350—2015《油田油气集输设计规范》、SY/T 6420—2016《油田地面工程设计节能技术规范》、SY/T 6331—2013《气田地面工程设计节能技术规范》要求，对烃类废气排放采取过程控制措施。

（1）油气集输工艺流程尽可能采用密闭流程，是降低损耗的重要措施。仅有很少量的边远油井（无集输管网覆盖），自采出液分离出的原油采用汽车拉运的方式，分离出的伴生气一般在现场作为加热炉燃料，或制 CNG 予以回收。

（2）对采油井场套管气尽可能予以回收利用，以避免烃类废气放空。

（3）原油处理过程考虑采取原油稳定或油罐烃蒸气回收措施，以降低油气蒸发损耗，减少油气挥发排放。

（4）原油稳定装置生产的轻烃密闭储运或处理，避免二次蒸发损耗；生产的不凝气就近输入回收系统回收利用，不得放空。

（5）单罐容量≥10000m³ 的稳定原油储罐宜采用浮顶罐。以浮顶罐储存油品，可最大限度地降低油气损耗、减少烃类气体的挥发逸散。

（6）天然气凝液储罐、液化石油气储罐和 1 号稳定轻烃储罐选用压力球罐或卧式罐储存；2 号稳定轻烃常压储存时，选用内浮顶罐，以最大限度地降低油气损耗、减少烃类气体的挥发逸散。轻烃的装车均采用密闭装车方式，无废气排放。

（7）油品储存污染控制措施如下：

① 天然气凝液、液化石油气、稳定轻烃储罐应采用压力储罐。

② 稳定轻烃常压储存时应采用内浮顶罐。罐的浮盘与罐壁之间应采用液体镶嵌式、机械式鞋形、双封式等高效密封方式。

③ 新建储存真实蒸气压≥5.2kPa 的稳定原油和净化原油储罐应采用浮顶罐，现有储存真实蒸气压≥5.2kPa 的设计容积≥10000m³ 的稳定原油和净化原油储罐应采用浮顶罐。罐的浮盘与罐壁之间应采用双封式密封，且初级密封应采用液体镶嵌式、机械式鞋形等高效密封方式。

④ 浮顶罐浮盘上的开口、缝隙密封设施，以及浮盘与罐壁之

间的密封设施在工作状态应密闭。

⑤ 定期对外浮顶罐的浮盘和密封设施的完好性进行检查，检查记录至少保存 3 年；如发现有破损、有缝隙、浮盘上下运行不正常等现象，在可行条件下应尽快修复，不应晚于最近一个停工期。在每个停工期对内浮顶罐浮盘和密封设施的完好性进行检查，检查记录至少保存 3 年；如发现有破损、有缝隙、浮盘上下运行不正常等现象，应在停工期内完成修复。

（8）油品装载污染控制措施如下：

① 原油装车应采用底部装载或顶部浸没方式，顶部浸没式装载的出油口距离罐底高度应<200mm。

② 天然气凝液、液化石油气和 1 号稳定轻烃装车应采用密闭方式，装车鹤管的气相管道应与储罐的气相管道相连接。

5 典型案例分析

本章选取了中央环境保护督察过程中发现的 5 个典型案例，通过分享生态环境保护问题，分析产生原因，促进企业认真落实环境保护措施，合法依规组织油气生产。

案例一：对长期违法排污监管不力

2021 年中央第一生态环境保护督察组下沉督察发现，山西太谷恒达煤气化有限公司（以下简称恒达公司）存在私自通过旁路烟道长期违法排污、在线监测数据造假、污染治理设施不正常运行等问题，顶风作案，性质恶劣；太谷区委、区政府督促企业整改落实存在等待观望思想，表态调门高、行动落实少。

一、基本情况

恒达公司位于山西省晋中市太谷区桃园堡村东南的恒达循环经济园区内，是太谷区骨干企业。现有焦炭生产能力 $113×10^4$t/a，建有年产焦炭 $60×10^4$t、炭化室高度 4.3m 的 $2×51$ 孔捣固焦炉一座，年产焦炭 $53×10^4$t、炭化室高度 5.5m 的 $1×50$ 孔捣固焦炉一座。第一轮中央生态环境保护督察"回头看"整改方案要求，2019 年底前晋中等 9 个地市全面整治焦化行业无组织排放、超标废水熄焦问题，督促焦化企业落实生态环境保护主体责任，稳定达到焦化行业污染物特别排放限值标准。恒达公司为落实"回头看"整改要求，于 2018 年 10 月完成焦炉烟气脱硫脱硝超低排放改造。该改造项目于 2019 年 9 月通过验收，并在太谷区政府网站上进行了公示。

二、存在问题

（1）私开旁路违法排污。督察人员进入企业时发现，企业私自打开 4.3m 焦炉烟气旁路手动阀门，并关闭烟气正常通往处理设施的烟道，正在利用旁路烟道偷排烟气。20min 后，督察人员再返回原地时，之前打开的旁路阀门已被悄悄关闭，原本关闭的烟气通道电子阀已恢复到正常。随后该旁路烟气量显著下降，旁路烟道内温度也逐渐回落。刚进入企业时及进入企业 20min 后的烟气通道电子阀对比图如图 5.1 和图 5.2 所示。经调查核实，恒达公司长期以来，仅将约一半焦炉烟气通过正常烟道排放，而将另一半烟气在未经任何处理的情况下，通过私开焦炉旁路挡板的方式从旁路烟道排放，以正常生产排污的假象来掩盖违法偷排的事实。地方生态环境部门监控平台在线数据显示，今年一季度该旁路烟道烟温长期超过 200℃，表明长期通过旁路排放烟气，日外排烟气量平均高达 20 多万立方米，2 月监测数据如图 5.3 所示。此外，还存在严重漏排现象。由于平时旁路挡板密闭不严，即使旁路阀门全部关闭，仍有超过 10% 的焦炉烟气未经处理经由旁路烟道漏排。

图 5.1　企业利用旁路烟道偷排烟气

图 5.2　20min 后，关闭的烟气通道电子阀已恢复到正常

图 5.3　2 月份监测数据显示，大量焦炉烟气违法偷排

（2）不正常使用污染防治设施。恒达公司除焦炉烟气偷排漏排外，新建的脱硫脱硝设施也没有发挥应有作用。由于采用氨法脱硫，该企业一年本应产生 1000t 左右的脱硫副产物硫酸铵。但现场督察发现，作为脱硫脱硝设施核心的硫酸铵离心脱水设备上蒙着厚厚一层灰土，长期未正常使用，如图 5.4 所示。调阅企业

硫酸铵生产记录台账（图 5.5）发现，在 2020 年焦炭产量高达 47.9×10^4t 的情况下，却只产生了 10t 左右的硫酸铵，不足正常运行产生量的百分之一。同时，企业将生产的数万吨焦炭露天堆放，无任何苫盖防尘措施，现场脏乱差，堆场和来往运输车辆扬尘污染严重，如图 5.6 所示。

图 5.4 硫酸铵离心脱水设备上蒙着厚厚一层灰土，长期不运行

图 5.5 硫氨生产、销售台账

图 5.6　大量焦炭露天堆放，无任何苫盖防尘措施，现场脏乱差

（3）在线监测数据造假。恒达公司将企业烟气在线监测设施的日常运维交给第三方山西世纪天源环保技术有限公司负责。督察发现，运维公司通过在线监测数据造假等方式，掩盖恒达公司偷排和严重超标排放的违法事实。烟道烟温是判断旁路烟气是否偷排的重要指标，但运维公司人员在日常运维中一直上报烟温监测设备存在故障，认为数据失真，而对烟气二氧化硫、氮氧化物浓度长期低于 10mg/m³ 的异常情况熟视无睹，装聋作哑。经现场人工监测，烟气实际二氧化硫和氮氧化物排放浓度分别为143mg/m³ 和 86mg/m³，其中二氧化硫浓度超过 GB 16171—2012 中大气污染物排放限值《炼焦化学工业污染物排放标准》GB 16171—2012 中大气污染物排放限值 3.8 倍，与此同时在线监测数据却显示二氧化硫、氮氧化物浓度分别为 0.50mg/m³ 和4.05mg/m³，数据严重失真，存在造假行为，如图 5.7 所示。

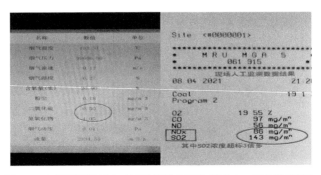

图 5.7　在线监测数据与人工监测数据对比差异大，存在造假行为

三、原因分析

山西省晋中市太谷区对企业日常监管不力，监督检查不到位，落实督察整改工作表态调门高、行动落实少，整改态度不坚决。山西太谷恒达煤气化有限公司生态环境保护守法意识淡薄、存在侥幸心理，无视环保法律法规，肆意偷排、漏排焦炉烟气，污染环境。山西世纪天源环保技术有限公司法律意识淡漠，为企业违法排污"打掩护"，日常管理混乱，运维敷衍应付，甚至弄虚作假。督察组将进一步调查核实有关情况，并按要求做好后续督察工作。

案例二：以"零排放"之名肆意排污

2017 年以来，人民日报、中国青年报等多家媒体先后多次点名报道河南省平顶山市汝州天瑞煤焦化有限公司（以下简称天瑞焦化）违法排污问题，可查证的环保 12369 群众举报就超 29 次。中央第五生态环境保护督察组近日检查发现，天瑞焦化环境违法问题依然十分突出，存在不正常运行污染治理设施、严重超标排放污水等环境违法行为，性质恶劣。

一、基本情况

天瑞焦化位于汝州市产业集聚区内，配有洗煤、备煤、炼焦、熄焦、煤气发电等设施。现有 1 套 100×10^4t/a 捣固焦改建项目，年产焦油 5×10^4t、粗苯 1.3×10^4t、硫铵 1.3×10^4t，年发电 2.7×10^8kW·h。项目于 2011 年 5 月开工建设，2014 年 11 月建成投产。按项目建设审批要求，天瑞焦化的废水应实现"零排放"。

2018 年媒体报道《一村庄被污水"缠绕"：农作物受损，村民得怪病》，污染源头直指汝州市产业集聚区内天瑞焦化，引起社会反响。为此，汝州市委、市政府主要领导赴当地进行调查处置，成立由环保、国土、地矿、安监、林业、公安等部门组成的调查组进行调查，要求发现问题根源，从源头治理确保全面消除污染。由于调查不深入、不细致，汝州市委、市政府只对天瑞焦化周边村庄实施了饮水保障措施，未严格督促企业从排污源头实施整改。

二、主要问题

（1）违法超标排放污水。

督察人员暗查发现，天瑞焦化厂区东北角围墙处排水口有污水排放，排水明显发黑，表面存在大量油污，焦油气味十分明显。督察人员沿污水流向，经沿线踏勘和无人机勘察发现，天瑞焦化污水经过一片农田间沟渠，蜿蜒流入粪堆赵村东北侧一个无任何防渗措施的污水坑，该坑距汝河不足 400m，如图 5.8 所示。沿线沟渠黑泥沉积，水面漂浮油花，如图5.9所示。为进一步核实情况，督察人员夜间再次突击检查，发现天瑞焦化东北角围墙处排水口（图5.10）仍在大量外排污水，随即委托一同检查的有关法定检测单位进行了采样监测。结果显示，外排污水COD、氨氮、氰化物浓度分别超过GB 16171—2012《炼焦化学工业污染物排放标准》中表2直接排放标准0.5倍、3.5倍、1.4倍，如图5.11所示。

图5.8　天瑞焦化厂外排污水流向图

图5.9　天瑞焦化厂区外排污渠积存含油黑泥

图 5.10 天瑞焦化厂区东北角围墙外排污口

图 5.11 焦化废水处理站出水水质超标严重

（2）不正常运行污染治理设施。

督察人员 4 月 1 日对天瑞焦化厂区现场检查发现，该公司焦化废水处理站（采用生化＋芬顿＋超滤＋反渗透处理技术）的芬顿反应工序未按规范要求投加芬顿试剂（主要包含双氧水、硫酸亚铁等），治理设施形同虚设。超滤反渗透设备自 2014 年投运以来，累计运行时间仅有十几天，在督察组两次突击检查时匆忙开启，却因长期失修已无法正常运行；中控系统仪表大量损坏而未及时修复；废水处理站运行手工记录存在字迹雷同、数据照抄、记录造假等现象；也未按环评报告建议在焦化废水处理站出口安装在线监测设备。

天瑞焦化废水处理站出水主要用于熄焦，对熄焦池取样监测发现，熄焦水 COD、氨氮、挥发酚、氰化物浓度分别超过 GB 16171—2012《炼焦化学工业污染物排放标准》中表 2 间接排放标准 2.0 倍、14.2 倍、22.7 倍、13.2 倍，表明焦化废水处理站运行极不正常，大量污染物从液态向气态转移，通过熄焦塔外排污染大气环境。

（3）污水违规混入雨水系统外排。

督察组对厂区东北角排水源头进一步追溯发现，其主要源自厂区雨水收集系统，如图 5.12 所示。对厂区雨水收集池（容积 4500m^3）、雨水总排井分别取样监测结果显示，雨水收集池内 COD、氨氮、氰化物浓度分别超过 GB 16171—2012《炼焦化学工业污染物排放标准》中表 2 间接排放标准 1.7 倍、11.7 倍、6.6 倍，雨水总排井内 COD、氨氮、石油类、氰化物浓度分别超标 1.9 倍、4.8 倍、5.1 倍、2.2 倍，表明有大量污水混入雨水系统间接外排。厂区通过雨水池紧邻的小型储池向厂外排污源头如图 5.13 所示。

督察组聘请焦化行业专家现场检查、查阅资料并开展厂区水平衡测算后发现，天瑞焦化无法实现"零排放"，初步估算每日外排污水数百吨。进而对厂区东北角排水渠内底泥进行取样并委托相关法定检测单位分析发现，苯并芘含量为 4.82mg/kg，超过 GB 15618—2018《土壤环境质量 农用地土壤污染风险管控标准（试行）》筛选值标准 7.76 倍；石油烃含量为 7050mg/kg，超过 GB 36600—2018《土壤环境质量　建设用地土壤污染风险管控标准（试行）》第二类用地筛选值标准，表明因长期排污，底泥已明显富集焦化特征污染物。

图 5.12　督察组在现场发现仍有大量污水源源不断汇入雨水池

图 5.13　厂区通过雨水池紧邻的小型储池向厂外排污源头

三、原因分析

汝州市委、市政府及汝州经济技术开发区管委会对属地产业集聚区污水处置等问题重视不足、管理不力，面对群众多次举报乃至媒体曝光污染问题，推进整治工作浮于表面，治标不治本，直到督察组两次突击检查后，才组织力量清挖天瑞焦化排水沿线沟渠的污水和沉积黑泥（图5.14），存在平时不作为问题。

图 5.14　直到督察组两次突击检查，当地才组织清挖污水和黑臭底泥

案例三：垃圾填埋污染隐患突出

第一轮中央生态环境保护督察及"回头看"均指出，河南省一些地方垃圾处理设施建设滞后、垃圾填埋场污染问题突出。为此，河南省督察提出整改方案，由省住建部门牵头负责，规范填埋库区作业，加强垃圾渗滤液处理和运营管理，加快推进垃圾焚烧处理设施建设。此次督察发现，新乡等市对垃圾填埋场管理不到位，导致垃圾填埋场污染隐患依然突出。

一、基本情况

新乡市每日产生生活垃圾 4700 多吨，现有填埋场 11 座、焚烧厂 2 座，在建焚烧厂 2 座。11 座填埋场中，除 2 座为近几年新建的小型填埋场外，其余 9 座全部超库容运行。在加速推进垃圾焚烧厂建设之时，原有填埋场却成了监管薄弱环节。河南省向督察组正式提供的整改材料称，已开展生活垃圾填埋场整治，全省在用填埋场已全部完成渗滤液处理设施提标改造。但督察发现，新乡等市一些填埋场并未落实要求，渗滤液处理乱象丛生，污染隐患突出。

二、主要问题

（1）渗滤液巨量积存，渗漏污染问题突出。

2020 年 11 月，新乡市生活垃圾焚烧厂建成投运，超负荷运行多年的新乡市生活垃圾无害化处理场日填埋量由 1300t 降至 100t，运行压力剧减。但该填埋场自 2005 年投运以来，渗滤液处理设施一直未正常运行，直到 2019 年 11 月改造后，日处理渗滤液也仅 100 余吨，且运行中葡萄糖、碱液等药剂用量远低于设计值，处理速度和效果均远低于预期，不仅调节池内积存垃圾渗滤液 6.8×10^4t，堆体内还存有 10 多万吨，全场积存渗滤液超过 20×10^4t。因处理渗滤液产生的高含盐、高 COD 浓缩液（占比约 30%）又回喷到垃圾堆体，对后续渗滤液处理更是"雪上加霜"。新乡卫辉市生活垃圾填埋场渗滤液处理设施自 2019 年弃用后，直到本轮督察进驻后才临时新上一套膜过滤（DTRO）设备，积存渗滤液也达 7×10^4t。督察还发现，新乡市垃圾填埋场堆体覆膜破损，南侧围墙已出现渗漏，并形成 3 个面积分别约 1800m^2、3000m^2 和 3500m^2 的坑塘，水体分别呈粉红色、酱红色和浅绿色，令人触目惊心，如图 5.15 所示。监测结果显示，坑塘水体中 COD 浓度分别为 2070mg/L、1870mg/L 和 346mg/L，分别超 GB 16889—2008《生活垃圾填埋场污染控制标准》浓度标准 19.7 倍、17.7 倍和 2.5 倍；氯离子浓度则分别高达 3680mg/L、5020mg/L 和 80mg/L。

图 5.15　新乡市垃圾填埋场南侧三处坑塘

（2）填埋场管理混乱，治污设施长期停运。

新乡辉县市生活垃圾填埋场多年超负荷运行，截至督察时剩余库容不足 2000m³，而当地生活垃圾焚烧厂建设仅完成 80%，无法及时投用。大量垃圾在填埋场内无序堆存，作业面既未及时覆土也无任何除臭措施，部分垃圾在场外随意倾倒，场内外到处飘散塑料垃圾，如图 5.16 所示。据估算，该填埋场日产生渗滤液近 100t，却仅有一套日处理渗滤液不足 10t 的简易设施，且生化处理系统长期不运行，曝气池内无污泥，二沉池和污泥回流池内已长满青苔（图 5.17）。渗滤液贮存池上方 PVC 覆盖膜已严重破损，膜上积存雨水与渗滤液混合散发异味（图 5.18），池内仅积存渗滤液 2000 多立方米，与渗滤液产生量相去甚远，大量垃圾渗滤液去向不明。

图 5.16 辉县市生活垃圾在填埋场堆体外随意飘散，环境恶劣

图 5.17 辉县市垃圾填埋场渗滤液生化处理池长期停运，已长满青苔

图 5.18 辉县市垃圾填埋场渗滤液储存池内渗滤液与雨水混存，异味明显

（3）垃圾填埋设施违规投运，运行记录弄虚作假。

新乡获嘉县垃圾填埋场已封场，2020 年初，获嘉县利用废弃窑坑建设临时填埋坑，并在渗滤液收集及处理设施尚未建成的情况下匆忙投用，日填埋垃圾超300t。督察发现，填埋坑内大量生活垃圾浸泡在渗滤液中，恶臭逼人（图5.19）。现场负责人称，填埋场定期将临时填埋坑渗滤液运至已封垃圾填埋场的处理设施处理，但督察组发现，该处理设施早已损坏停运。现场负责人又称设施为"夏秋运行、春冬存储""白天有人值守、夜间无人看管"，并提供完整运行记录。督察组比对发现，所记数据雷同，明显为应付督察而临时编造数据，如图5.20和图5.21所示。

图5.19 获嘉县垃圾临时填埋坑内大量生活垃圾浸泡在渗滤液中

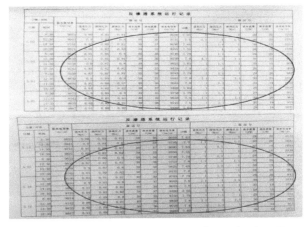

图5.20 获嘉县垃圾填埋场渗滤液反渗透系统运行记录

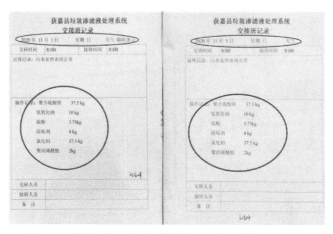

图 5.21 获嘉县垃圾临时填埋坑渗滤液处理系统交接班记录

三、原因分析

新乡市和辉县市、获嘉县履行生态环境保护主体责任不到位，对垃圾填埋场长期超负荷运行和渗滤液污染隐患等突出问题重视不够、措施不力，失职失责。河南省住建部门在牵头推进全省垃圾填埋场问题整改工作中重调度轻督导，上报整改进展不实，责任缺失。

案例四：违法问题突出环境污染严重

2021 年 12 月，中央第二生态环境保护督察组督察贵州发现，贵州省安顺市平坝区夏云工业园区生态环境违法违规问题突出，环境污染严重。

一、基本情况

夏云工业园区位于安顺市平坝区，是安顺国家高新技术产业开发区（以下简称安顺高新区）的主要园区之一。园区规划总面积 29.86km²，现有入驻企业 309 家，由安顺市委托平坝区进行管理。

二、主要问题

（1）环境基础设施建设滞后。

夏云工业园区污水处理厂设计处理能力为 3000t/d，目前实际处理量为 1400t/d。由于最初设计工艺主要是处理生活污水，设计进水化学需氧量浓度不超过 250mg/L、氨氮浓度不超过 30mg/L，不能满足工业废水处理要求。2018 年 3 月，贵州省有关部门要求当地加快园区污水处理厂深度处理改造。但当地对此重视不够、推动不力，直至 2021 年省级生态环境保护督察再次指出后，才于 8 月匆忙启动，截至此次督察进驻时仅完成部分设施改造，相关工作严重滞后，一些特征污染物长期得不到有效治理，加上部分企业直排偷排生产废水，导致园区污水处理厂成为部分企业稀释排放工业废水的通道。督察发现，2021 年以来，该污水处理厂进水化学需氧量日均浓度有 69 天超过设计标准，仅 11 月前 20 天进水在线监测化学需氧量浓度就有 134 次超标，最高超过 1000mg/L，超过设计进水浓度标准 3 倍，严重影响污水处理厂正常运行。

2013 年编制的园区控制性详细规划明确，要规划建设工业固废处置中心。但当地一直没有落实规划要求，至今没有建设固废处置中心，一些企业随意倾倒或填埋固体废物。现场督察发现，中铝集团下属贵州顺安机电设备有限公司在厂区内违法填埋工业固体废物，如图 5.22 所示。监测结果显示，填埋区域渗坑积水化学需氧量浓度高达 391mg/L，超地表水Ⅲ类标准 19 倍，对水体和土壤环境造成严重影响。

图 5.22 厂区内违法填埋工业固体废物

（2）企业违法违规现象普遍。

督察发现，夏云工业园区企业违法违规问题突出，现有 309 家入园企业中有 89 家未依法开展环境影响评价，企业通过雨水管网排放生产废水的现象较为普遍，现场随机抽查 7 家企业，发现有 4 家向雨水管排放污染物。监测结果显示，园区雨水管网内积存的废水化学需氧量浓度最高达 2695mg/L，超地表水Ⅲ类标准 134 倍。其中，安顺市铝镁铝业有限公司将两根生产废水管道排口固定在雨水沟内，长期向雨水沟排放强酸、强碱性废水，现场督察的当晚，该企业仍通过潜水泵偷排高浓度生产废水。贵州协力启航科技有限公司也存在类似问题，监测结果显示，雨水沟内废水化学需氧量、石油类浓度分别高达 3370mg/L、1.7mg/L，分别超地表水Ⅲ类标准 168 倍、33 倍。园区内还有一些企业无任何污染治理设施，大量黑色污水通过黄家龙潭提水站旁雨水沟直排外环境，严重污染下游水体。监测结果显示，雨水沟外排污水化学需氧量、氨氮、总磷、氟化物浓度分别为 528mg/L、6.2mg/L、

4.5mg/L、6.2mg/L，分别超地表水Ⅲ类标准25倍、5倍、22倍、5倍。现场督察发现，贵州贵亿塑料制品厂、黔川钢构、贵州典雅赣黔装饰材料等企业臭气熏天、污水横流（图5.23）。

图5.23　无任何污染治理设施，厂房内粉尘弥漫

（3）不作为乱作为问题突出。

办理群众举报环境问题不严不实。2017年5月第一轮中央生态环境保护督察期间，群众6次投诉该园区雨污混排等环境污染问题，当地以"2017年3月对夏云工业园区雨污管网进行全面检查，企业雨污混排问题已整改完毕"敷衍塞责，实际未采取实质性措施，企业雨污混排问题至今依旧。2019年以来，当地收到涉及夏云工业园区环境污染问题的投诉高达28次，均回复群众称"已办结"，但督察发现，很多问题并未得到有效解决。比如，2019年10月被群众举报喷漆污染严重的贵州卓良模板有限公司，至今漆雾收集处理设施仍不完善、污染问题依然存在。监测结果显示，该公司雨水沟内积水化学需氧量、氨氮浓度分别为179mg/L、4.8mg/L，分别超地表水Ⅲ类标准8倍、4倍。

对突出环境污染问题长期放任。2016年以来，群众多次反映园区排污导致当地一处地下水自流井黄家龙潭受到严重污染，平坝区没有引起重视并及时采取有效措施。2019年3月，夏云镇政府向平坝区政府书面报告"污染系夏云工业园区企业违法排污所致"后，平坝区仍无动于衷，仅组织有关单位简单调查后便草草了事，放任地下水污染问题持续至今。2021年2月，夏云工业园区为掩人耳目，擅自将受污染的地下水抽至下游毛栗河排放，结果导致毛栗河严重污染，甚至发生死鱼事件。如图5.24所示，现场督察发现，毛栗河污染依然严重，监测结果显示，水体氨氮、氟化物浓度分别为4.3mg/L、2.4mg/L，分别超地表水Ⅲ类标准3倍、1倍。

图5.24 毛栗河污染依然严重，水体氨氮、氟化物浓度超标准的3倍、1倍

三、原因分析

安顺市平坝区落实生态环境保护责任不力，工作敷衍应对；安顺高新区履行主体责任不到位；安顺市督促指导不力，导致夏云工业园区环境基础设施建设滞后、企业违法违规现象普遍、环境污染及风险隐患突出。

案例五：重点环境治理工作推进迟缓

2021年12月，中央第三生态环境保护督察组督察陕西发现，安康市汉滨区、紫阳县对蒿坪河流域水污染防治和生态保护工作不重视，部分重点环境治理工作推进迟缓，蒿坪河流域环境风险隐患突出。

一、基本情况

蒿坪河是汉江一级支流，流经的汉滨区、紫阳县等地，是石煤矿集中开采区。石煤矿是一种含碳少、热值低的多金属共生矿，主要用于建材工业或提取金属元素。该区域共有13座石煤矿，大多数于2014年前后停产关闭，长期粗放开采遗留了大量废弃矿硐及矿山弃渣。当地对治理工作重视不够，部分高浓度酸性废水未经有效收集处理直排蒿坪河，给流域水环境安全带来较大风险隐患，如图5.25所示。

图 5.25 蒿坪河流域范围内矿山弃渣随处可见，大量酸性废水直排河流

二、主要问题

（1）支流污染较为严重，水环境问题突出。

安康市 2017 年出台的《蒿坪河流域水污染防治与生态保护规划（2016—2030）》（以下简称《规划》）明确，至 2020 年年底前蒿坪河流域水质达到地表水 Ⅱ 类标准。督察发现，流域整体水质与《规划》目标要求的 Ⅱ 类标准仍有较大差距。2021 年 10 月，当地有关部门监测的 25 个点位中，劣 Ⅴ 类点位多达 16 个，占比 64%。小磨沟、黄泥沟、猪槽沟等点位水质长期处于劣 Ⅴ 类。督察组在线麻沟现场采样，监测结果显示 pH 值为 4.27，水质呈酸性。

（2）矿山弃渣量大面广，环境安全风险管控不力。

督察发现，蒿坪河流域范围内存在大量废弃矿渣露天违规堆存点（图 5.26），且防渗措施严重不到位。据安康市有关部门统计，2017 年蒿坪河流域范围内共有 149 处废弃矿渣违规堆存点，堆存量共计 $363 \times 10^4 m^3$。汉滨区、紫阳县对弃渣露天堆存问题处置不力、进展缓慢，治理效果不明显。截至 2021 年 4 月，蒿坪河流域范围内仍有 95 处弃渣堆场，堆存量超过 $300 \times 10^4 m^3$，其中 41 处未采取任何治理措施，占比高达 43%。抽查发现，紫阳县明华石煤矿已停产多年，数万立方米废渣露天堆存，还有部分废弃矿渣未采取任何防渗措施，直接掩土覆盖。汉滨区建发矿业 2020 年实施的废弃矿渣治理项目，未对废弃矿渣堆场周边及底部进行防渗，淋溶水未经收集处理，直接进入大堰沟，最终排入蒿坪河（图 5.27）。

图 5.26　数万立方米矿山废渣露天堆放

图 5.27　汉滨区废弃矿渣堆场淋溶水未经收集处理，直接排入大堰沟

（3）工作推进迟缓。

《规划》明确应于 2020 年年底前完成的多个重点项目，如场地污染修复、重金属污染治理等，截至督察进驻时仍未建成。汉滨区规划建设 44 个项目，实际建成 24 个；紫阳县规划建设 51 个项目，实际建成 27 个。其中，紫阳县堰沟河重金属污染治理工程直至 2021 年 7 月才启动。

三、原因分析

安康市汉滨区、紫阳县对汉江水生态环境安全的重要性认识不到位，对蒿坪河流域生态环境问题重视不够、推动解决迟缓，区域环境风险隐患突出。